U0384942

大马警官

生肖小镇负责维持交通秩序的警察，机警敏锐。有一辆多功能警用摩托车，叫闪电车，能变出机械长臂进行救援。

喇叭鼠

生肖小镇玩具店的老板，也是交通安全志愿者，有一个神奇的喇叭，一吹就能出现画面。

编 委 会

主 编

刘　艳

编 委

李　君　　朱建安

朱弘昊　　丛浩哲

乔　靖　　苗清青

交警叔叔阿姨送给小朋友的礼物！

图书在版编目（CIP）数据

小狗当侦探 / 葛冰著；赵喻非等绘；公安部道路交通安全研究中心主编 . – 北京：研究出版社，2023.7
（交通安全十二生肖系列）
ISBN 978-7-5199-1478-3

Ⅰ.①小… Ⅱ.①葛…②赵…③公… Ⅲ.①交通运输安全 – 儿童读物 Ⅳ.①X951-49

中国国家版本馆CIP数据核字 (2023) 第078930号

◆ **特别鸣谢** ◆

湖南省公安厅交警总队
广东省公安厅交警总队
武汉市公安局交警支队
北京交通大学幼儿园
北京市丰台区蒲黄榆第一幼儿园

小狗当侦探（交通安全十二生肖系列）

出版发行： 中国出版集团有限公司 研究出版社	策　　划：	公安部道路交通安全研究中心
出 品 人：赵卜慧		银杏叶童书
出版统筹：丁　波		
责任编辑：许宁霄	编辑统筹：	文纪子
装帧设计：姜　楠	助理编辑：	唐一丹
地址：北京市东城区灯市口大街100号华腾商务楼	邮编：	100006
电话：（010）64217619　64217652（发行中心）		
开本：880毫米×1230毫米　1/24　印张：18	字数：	300千字
版次：2023年7月第1版	印次：	2023年7月第1次印刷
印刷：北京博海升彩色印刷有限公司	经销：	新华书店
ISBN　978-7-5199-1478-3	定价：	384.00元（全12册）

版权所有·侵权必究
凡购买本社图书，如有印制质量问题，我社负责调换。

交通安全十二生肖系列

公安部道路交通安全研究中心 主编

小狗当侦探

葛冰 著 赵喻非 绘

中国出版集团有限公司

研究出版社

小狗贝贝的爸爸是小镇上有名的大侦探。

小狗贝贝是小区里有名的大侦探。

"哥哥，哥哥，我的头盔不见了。"

"这个难不倒我，我是像老爸一样厉害的侦探，肯定能帮你找到。"

4

　　贝贝闻啊闻，爬上滑梯，绕过秋千架，终于
在水池边找到了妹妹的头盔。

妹妹说："哥哥，你是一个真正的大侦探！"

　　贝贝骄傲极了："我们骑滑板车去侦探所找爸爸，帮爸爸破案吧。"

他们俩来到小区门口，
遇到了一辆车。

　　"贝贝，别带妹妹在小区门口玩，好多车进进出出，小朋友个子小，司机有可能看不见你们，很危险的。"

　　"我们知道了，虎叔叔。"

贝贝和妹妹离开了小区门口，继续去找爸爸。

指挥中心：危险报告！危险报告！有两个小朋友在马路上骑滑板车，没有家长陪同。

为了您的安全，我们一马当先！

"小朋友，你们的爸爸妈妈呢？"大马警官问。

妹妹看到警察叔叔，眼泪都流下来了。

14

这时，妈妈心急火燎地赶来了。

大马警官说：
"马路上车很多，
小朋友自己跑出来
很危险，一定要有
家长陪着哟。"

"你们戴着头盔和护膝，这很好。不过，滑板车不是交通工具，不能在马路上骑，要在没车的小区、公园、运动场玩，这样才安全。"

听完大马警官的讲解，贝贝和妹妹明白了，
不能偷跑出来，也不能在马路上骑滑板车。

大鼻头侦探所

告别大马警官，妈妈带他们
开开心心地往侦探所走去。

一看到爸爸，兄妹俩争着分享了今天的经历。

安全玩滑板车

我要戴上安全护具，

像小飞侠飞来飞去。

没车的小区公园里，

是我活动的小天地。

小朋友们，滑板车不是交通工具，不能在马路上玩，很危险哟！

滑行工具不能在道路上使用

家长朋友们，孩子们喜欢的滑板车、平衡车、旱冰鞋等属于滑行工具，不是交通工具，不能在道路上使用！

请家长们充分了解并告知孩子这些滑行工具上路使用的危险性：这些滑行工具刹车系统不够完善，仅靠人力或者人体重心来控制，稳定性、操控性不强。年幼的孩子使用这些滑行工具在人流和车流中穿行时，极易因失控与路上的车辆、行人或路侧的护栏、花坛、石墩等发生碰撞。并且，这些滑行工具几乎没有任何保护装置，一旦发生碰撞，无法保护孩子的安全。

因此，请家长不要让孩子在道路上使用这些滑行工具，可带孩子到允许使用的运动场所、公园或其他安全的开阔地带玩。此外，请一定给孩子佩戴好头盔等安全护具。